SPACE STATION ACADEMY

太空学院
金星大逃亡

[英] **萨利·斯普林特** 著

[英] **马克·罗孚** 绘　**罗乔音** 译

中信出版集团 | 北京

图书在版编目（CIP）数据

金星大逃亡 / （英）萨利·斯普林特著；罗乔音译；

（英）马克·罗孚绘 . -- 北京：中信出版社，2025.1.

（太空学院）. -- ISBN 978-7-5217-7219-7

Ⅰ．P185.2-49

中国国家版本馆 CIP 数据核字第 2024VC1912 号

Space Station Academy: Destination Venus

First published in Great Britain in 2023 by Wayland

© Hodder and Stoughton Limited, 2023

Editor: Paul Rockett

Design and illustration: Mark Ruffle

Simplified Chinese translation copyright © 2025 by CITIC Press Corporation

ALL RIGHTS RESERVED

本书仅限中国大陆地区发行销售

金星大逃亡
（太空学院）

著　　者：[英] 萨利·斯普林特

绘　　者：[英] 马克·罗孚

译　　者：罗乔音

出版发行：中信出版集团股份有限公司

　　　　　（北京市朝阳区东三环北路 27 号嘉铭中心　邮编　100020）

承　印　者：北京瑞禾彩色印刷有限公司

开　　本：787mm×1092mm　1/16　　印　张：24　　字　　数：960 千字

版　　次：2025 年 1 月第 1 版　　印　　次：2025 年 1 月第 1 次印刷

京权图字：01-2024-3958

书　　号：ISBN 978-7-5217-7219-7

定　　价：148.00 元（全 12 册）

图书策划　巨眼

策划编辑　陈瑜

责任编辑　王琳

营　　销　中信童书营销中心

装帧设计　李然

版权所有·侵权必究

如有印刷、装订问题，本公司负责调换。

服务热线：400-600-8099

投稿邮箱：author@citicpub.com

目录

本书人物

波特博士

莫莫

莎拉

麦克

星

乐迪

目的地：金星

欢迎大家来到神奇的星际学校——太空学院！在这里，我们将带大家一起遨游太空。快登上空间站飞船，和我一起学习太阳系的知识吧！

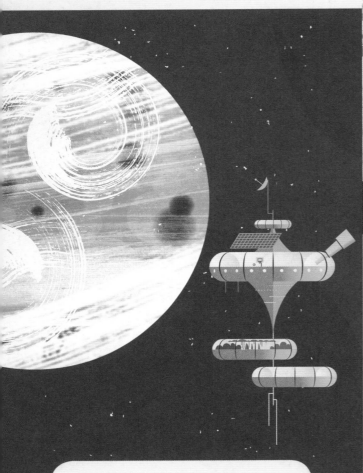

今天，太空学院正接近金星，一颗带有旋转气体云的星球。同学们正忙着烤蛋糕，也制造出了自己的"气体云"。

看，金星多美丽啊，上面还有旋涡图案。

好想去近处看看，我要等不及了。

看看这乱七八糟的！空气里是什么味道，烟是哪儿来的？

不一会儿，在太空飞机里。

 抓好了！金星就在前方。

 它没有我想象的大啊。

 金星的平均直径是 12 104 千米，只比地球小一点点。如果用金星的表层做一件外套，给地球穿上，地球是扣不上所有扣子的。

 它的颜色真漂亮，而且这么明亮！

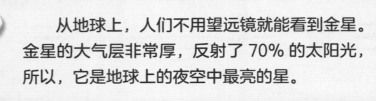 从地球上，人们不用望远镜就能看到金星。金星的大气层非常厚，反射了 70% 的太阳光，所以，它是地球上的夜空中最亮的星。

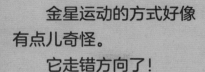

金星运动的方式好像有点儿奇怪。
它走错方向了！

金星的自转方向与太阳系其他行星（不包括天王星）相反。科学家也不知道为什么它会这样自转。

所以，在金星上，太阳从西方升起，在东方落下，与地球上的日出日落方向相反，真有趣啊！

我们降落得有点儿仓促。

冒烟了，波特博士！

今天第二次见到黑烟！

别担心，没事。现在进入太空泡泡，我们去金星吧。

太空泡泡？！

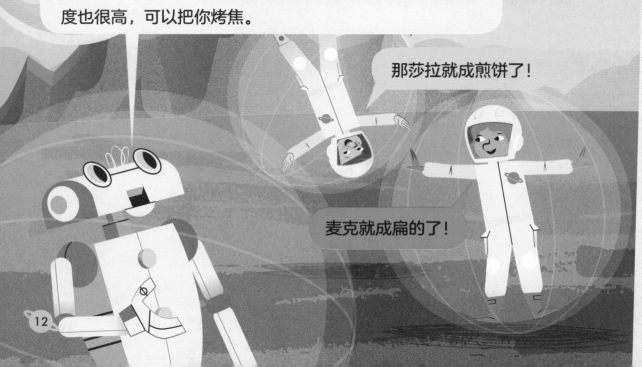

金星上的大气压相当于地球海平面以下 1 000 米处的压力，气压太大了，会把你压成碎片。而且金星上的温度也很高，可以把你烤焦。

那莎拉就成煎饼了！

麦克就成扁的了！

为什么我们要进入泡泡里？

因为金星表面极其危险。

还有致命的硫酸雨，打伞也挡不住。它会把伞烧穿！

好吧，我们到处走走吧！

金星非常有趣。它自转速度很慢。这种缓慢的旋转影响了它的形状，它就成了我们太阳系里最圆的行星之一。

既然它转得这么慢，那金星上的一天很长吧？

是啊，金星上的一天——也就是它绕轴自转一周的时间——相当于地球上的 243 天。所以，它的一个白天相当于地球上的 121.5 天，一个夜晚相当于地球上的 121.5 天。

连我都睡不了那么久！

不过，金星上的一年——也就是绕太阳公转一周的时间——只需 225 天。

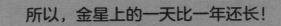

所以，金星上的一天比一年还长！

大家集中精神，控制好泡泡。我们都滚来滚去的！

15

我们停下来仔细看看风景吧。
大家看到什么了?

一个陨石坑都没有。

这儿看起来炎热又干燥,不像从太空看到的那
么漂亮。这边的地面很平坦,不过那边有几座山。

这里覆盖着熔岩,就像蛋糕上的糖霜,所以十分平坦。
奇怪的是,金星表面并不像其他行星那么古老。金星的部
分地表可能只有 1.5 亿年的历史,而大多数行星的表面都
已形成数十亿年了。

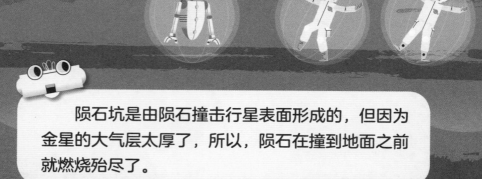

陨石坑是由陨石撞击行星表面形成的,但因为
金星的大气层太厚了,所以,陨石在撞到地面之前
就燃烧殆尽了。

科学家在金星的云层中发现了一种叫磷化氢的气体。在地球上，这种气体是由生物产生的。所以，人们认为，在厚厚的云层中，可能存在某种微小的生命形态。

哇，太酷了！好想看看微生物长什么样！

它们会不会喜欢吃我们做的蛋糕？

那是普通的山还是火山？

是火山。金星上的火山比太阳系其他行星上的火山都要多。目前，人们已经记录了大约 1 000 座金星的火山，但可能还有 100 多万座尚未记录！

金星上有盾状火山与煎饼状穹丘。

煎饼！说得我都饿了。

盾状火山

盾状火山不会爆炸式喷发。它喷发时，熔岩会从中心渗出，缓慢外溢。

煎饼状穹丘

这种火山宽广而平坦，所以才取了这个名字！地球上没有煎饼状穹丘。

来吧，我们去看看。

这……安全吗？

我们从这边上去，看看火山口里面吧。

金星的大部分火山活动都发生在几十亿年前，现在火山并不是很活跃。

并不是很活跃！你确定现在去看安全吗？

爬坡真累啊，我们得继续滚！

金星上最高的火山是玛阿特山，高约 8 千米——
比地球上的珠穆朗玛峰要矮约 800 米。

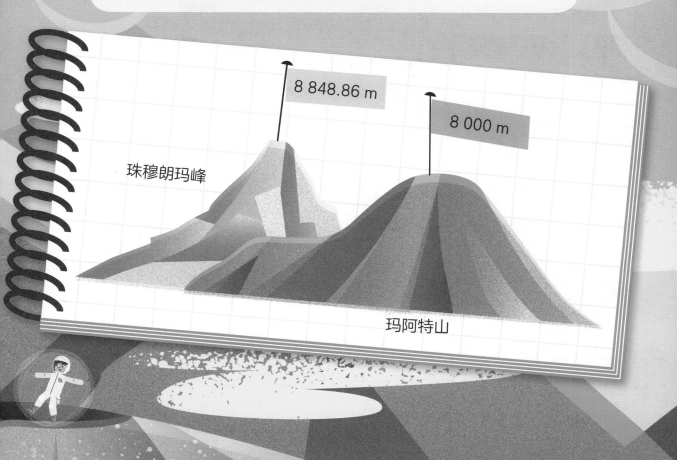

快来啊！上面风景很美！

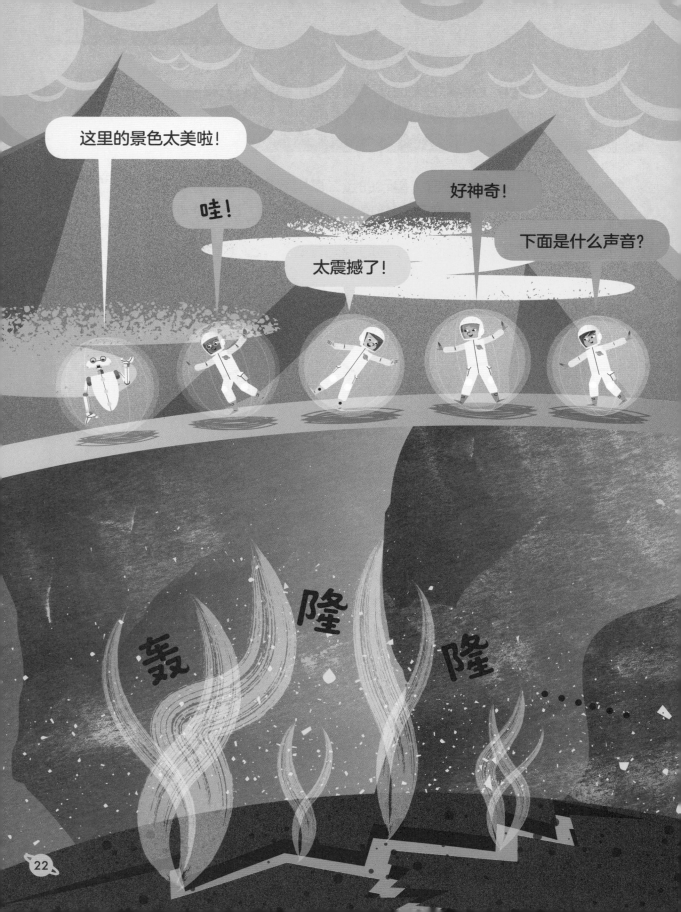

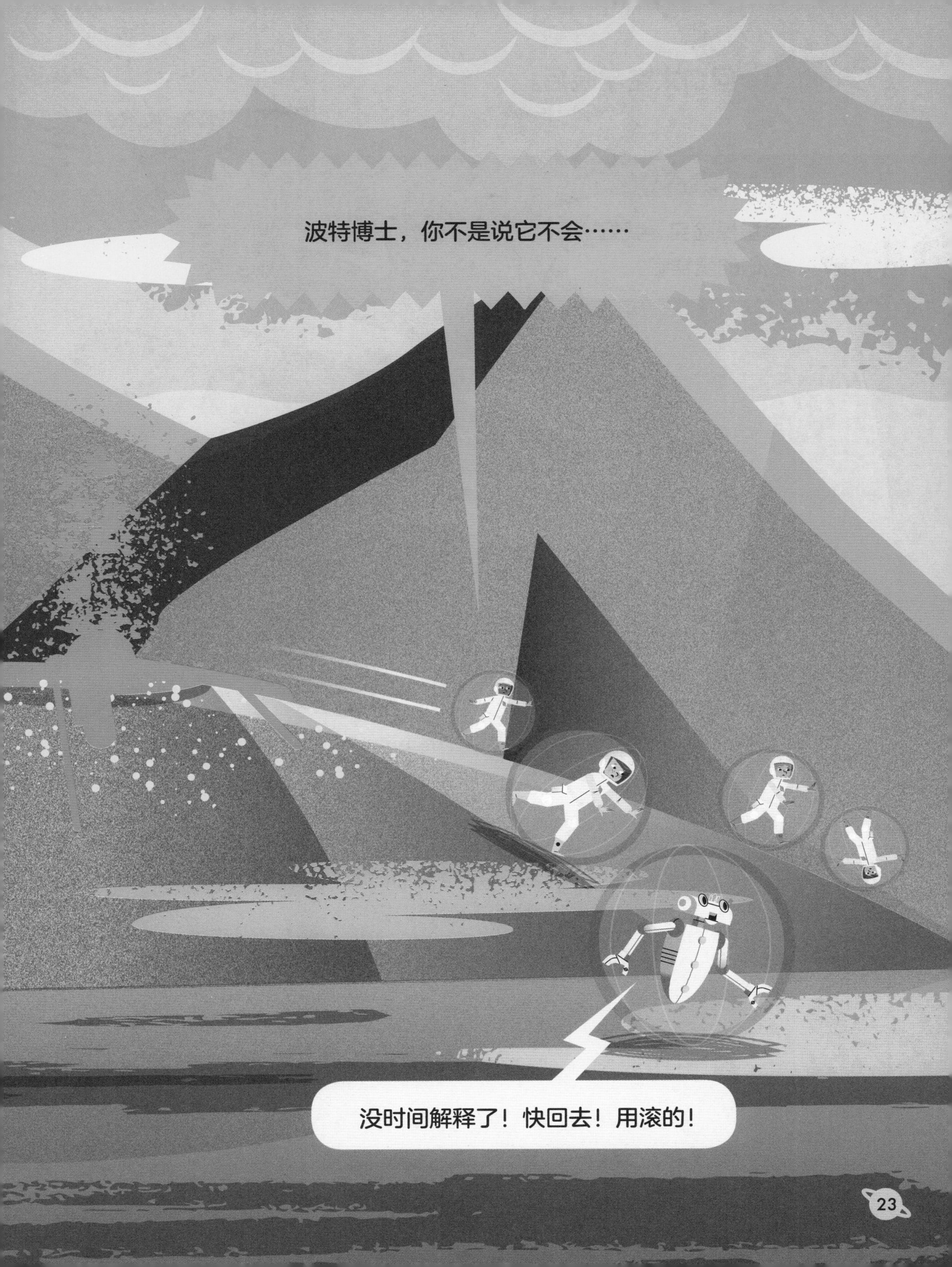
波特博士，你不是说它不会……
没时间解释了！快回去！用滚的！

回到太空学院后。

去金星探险完，我好饿啊。我们的蛋糕呢？

同学们，欢迎回来。看到你们我太高兴了。

这是我们的蛋糕吗？看着很棒！

太空学院的课外活动

太空学院的同学们参观了金星之后，产生了很多新奇的想法，想要探索更多事物。你愿意加入他们吗？

波特博士的实验

金星上到处都是火山，你也可以自己造一座火山。不过，最好到户外去做，要大人同意后才可以。

材料

- 纸、卡纸、黏土、装饰用的颜料
- 食用色素
- 水
- 碳酸氢钠（小苏打）
- 白醋
- 洗洁精
- 罐子、杯子

方法

在罐子里造一座火山吧！用卡纸做一个圆锥，或者用黏土捏一座火山，也可以用纸糊一个，然后把罐子放在里面，看，逼真吧。

将一勺小苏打、一勺洗洁精、两勺水混合，倒入罐中。

在另一个杯子里，倒入半杯白醋、几滴食用色素，然后倒进罐子里。

结果

所有材料都倒进罐子后，出现了什么现象？

更多可能

再做一次实验，这次改变小苏打、白醋、水的分量。记录结果。

乐迪了解的金星小知识

我们从地球上看金星，会发现它和月亮一样，有形状盈亏的变化，也就是不同的相位。

金星运行到太阳前面时，它的一部分处于阴影中，所以我们看到的金星像一弯新月。当它从太阳后面经过，我们就能看到金星更多的部分。

1610 年，科学家伽利略观察到了这一现象。这也证明了"日心说"，即太阳系中的所有行星都绕太阳旋转。

麦克了解的金星小知识

金星上最高的火山是玛阿特山。地球上最高的火山是夏威夷的莫纳罗亚火山，高 4 169 米。

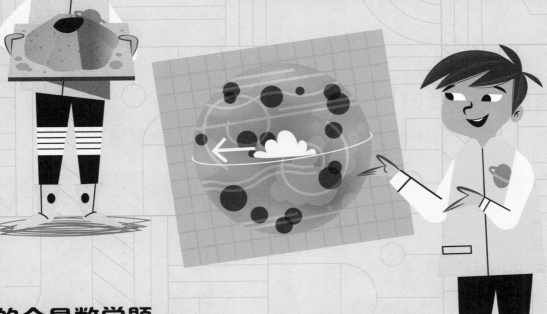

星的金星数学题

如果金星的周长是 38 025 千米，一朵云由时速 338 千米的风推动着，那么它绕金星一周需要多少小时？相当于地球上的多少天？

莎拉的金星图片展览

我有几张神奇的金星照片，大家快来看看吧！

这是金星大气层中旋转的云层。

云层之下，是金星布满岩石、火山的表面。

莫莫的调研项目

查一查，下一个金星探测任务将在什么时候启动？科学家想要研究什么？你希望他们研究什么？

金星探测任务

这是金星表面萨帕斯山的近景。

金星绕着炽热的太阳旋转，
吸收了大量热量。

数学题答案

112.5 小时，约 5 天。

词语表

大气层：环绕行星或卫星的一层气体。

流星：来自星际空间的微小固态天体，当它穿过大气层，会燃起一道亮光。

太阳系：由太阳以及一系列绕太阳转的天体构成。

微生物：很小的生物，用显微镜才能看见。

压力：一个物体挤压另一个物体的力。

陨石坑：天体（比如月球）表面由小天体撞击而产生的巨大的、碗状的坑。

直径：通过圆心或球心且两端都在圆周或球面上的线段。

轴：物体（比如行星）绕着一根虚构的线旋转，这根线就是轴。